我的第一本科学漫画书

科学实验王

KEXUE SHIYAN WANG

19 地形与水文

DIXING YU SHUIWEN

[韩] 小熊工作室/著
[韩] 弘钟贤/绘
徐月珠/译

二十一世纪出版社集团
21st Century Publishing Group

通过实验培养创新思考能力

少年儿童的科学教育是关系到民族兴衰的大事。教育家陶行知早就谈到："科学要从小教起。我们要造就一个科学的民族，必要在民族的嫩芽——儿童——上去加工培植。"但是现代科学教育因受升学和考试压力的影响，始终无法摆脱以死记硬背为主的架构，我们也因此在培养有创新思考能力的科学人才方面，收效不是很理想。

在这样的现实环境下，强调实验的科学漫画《科学实验王》的出现，对老师、家长和学生而言，是件令人高兴的事。

现在的科学教育强调"做科学"，注重科学实验，而科学教育也必须贴近孩子们的生活，才能培养孩子们对科学的兴趣，发展他们与生俱来的探索未知世界的好奇心。《科学实验王》这套书正是符合了现代科学教育理念的。它不仅以孩子们喜闻乐见的漫画形式向他们传递了一般科学常识，更通过实验比赛和借此成长的主角间有趣的故事情节，让孩子们在快乐中接触平时看似艰深的科学领域，进而享受其中的乐趣，乐于用科学知识解释现象，解决问题。实验用到的器材多来自孩子们的日常生活，便于操作，例如水煮蛋、生鸡蛋、签字笔、绳子等；实验内容也涵盖了日常生活中经常应用的科学常识，为中学相关内容的学习打下基础。

回想我自己的少年儿童时代，跟现在是很不一样的。我到了初中二年级才接触到物理知识，初中三年级才上化学课。真羡慕现在的孩子们，这套"科学漫画书"使他们更早地接触到科学知识，体验到动手实验的乐趣。希望孩子们能在《科学实验王》的轻松阅读中爱上科学实验，培养创新思考能力。

北京四中　物理教研组组长　厉璀琳
　　　　　　物理高级教师

伟大发明都来自科学实验!

所谓实验,是为了检验某种科学理论或假设而进行某种操作或进行某种活动,多指在特定条件下,通过某种操作使实验对象产生变化,观察现象,并分析其变化原因。许多科学家利用实验学习各种理论,或是将自己的假设加以证实。因此实验也常常衍生出伟大的发现和发明。

人们曾认为炼金术可以利用石头或铁等制作黄金。以发现"万有引力定律"闻名的艾萨克·牛顿(Isaac Newton)不仅是一位物理学家,也是一位炼金术士;而据说出现于"哈利·波特"系列中的尼可·勒梅(Nicholas Flamel),也是以历史上实际存在的炼金术士为原型。虽然炼金术最终还是宣告失败,但在此过程中经过无数挑战和失败所累积的知识,却进而催生了一门新的学问——化学。无论是想要验证、挑战还是推翻科学理论,都必须从实验着手。

主角范小宇是个虽然对读书和科学毫无兴趣,但在日常生活中却能不知不觉灵活运用科学理论的顽皮小学生。学校自从开设了实验社之后,便开始经历一连串的意外事件。对科学实验毫无所知的他能否克服重重困难,真正体会到科学实验的真谛,与实验社的其他成员一起,带领黎明小学实验社赢得全国大赛呢?请大家一起来体会动手做实验的乐趣吧!

目录

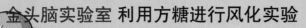

人物介绍

范小宇

所属单位： 黎明小学实验社

观察报告：

· 在危机发生的瞬间，发挥了强大的生存本能。

· 相信自己是黎明小学秘密武器的吹牛大王。

· 为自己在决赛前夕能保持最佳状态而感到自豪。

观察结果： 虽然就像一颗不知会弹向何处的橄榄球，是麻烦与混乱的制造者，但他却能将科学知识运用在生活中，并能迅速地举一反三。

罗心怡

所属单位： 黎明小学实验社

观察报告：

· 听到小宇遇难的消息，一时之间失去了理智。

· 在见到平安无事的小宇后，流下了眼泪。

· 将士元的听课行程背得滚瓜烂熟。

观察结果： 即使面对无厘头的小宇，她也能够一直保持微笑。

江士元

所属单位： 黎明小学实验社

观察报告：

· 为了救小宇和许大弘而奋不顾身。

· 虽然很希望能亲自参与救援行动，但心有余而力不足！

· 由于内心过于焦急而暂时失去了判断能力。

观察结果： 身为黎明小学的王牌，利用比其他人更丰富的知识，努力让自己做到最好。

何聪明

所属单位： 黎明小学实验社

观察报告：

· 一想到遭遇事故的朋友，就想争分夺秒地去救他。

· 在特别科学节目进行过程中，对于采访工作越来越有热忱。

观察结果： 身为社员之一，虽然他已经完全融入黎明小学实验社，但他的内心深处却怀抱着成为记者的梦想。

许大弘

所属单位： 太阳小学实验社

观察报告：

· 在任何处境下，都会把过错推到别人身上，是推卸责任的高手。

· 在恐惧的笼罩下失去判断能力而无法振作。

· 虽然很会说假话，但是每次都会被人看穿。

观察结果： 对于在恐慌期间救出自己的小宇感到非常在意。

艾力克

所属单位： 大星小学实验社

观察报告：

· 运用卓越的观察力，为失去线索的拯救行动点燃一丝希望之火。

· 以科学理论为基础来分析情况，做出正确的判断。

· 对做实验这件事从不会偷懒懈怠。

观察结果： 是大家公认的实力派，再加上不懈的努力，可说是模范生。

其他登场人物

❶ 对柯有学老师使出卑鄙招数的太阳小学校长。

❷ 在决赛前夕躲藏起来的柯有学老师。

❸ 逼不得已说出善意谎言的黎明小学校长。

❹ 总是像风一般现身又消失的田在远。

校长先生？ 一大清早的，有什么事吗？

揉眼睛

出大事了！

请看一下这个！

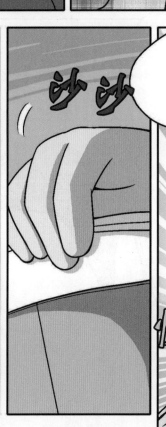

沙沙

决赛的对战表已经出来了吗……

愣住

这份资料还威胁我们要
立刻解雇你，

不然就会通报
给所有参加决赛的学校，
而且还要提报教育局，
要求提出正式处分！

垂下

我们赶快去跟他们
解释清楚，说这些
都只是以前的事……

转身

这……

不行！

你……
你说什么？

怎么
会不行？

如果现在不去
解释清楚，你就会
名誉扫地，之后被
逐出教育界！

我们学校也会
受到打击！

我……我的脸啊！遭受蜜蜂攻击了！

刺痛 刺痛

嗯……

这是哪里？

晕

摇晃

看来那些蜜蜂也很清楚招惹它们的真正犯人是谁！

我都这样了，你还有心情开玩笑？

怒

哇啊！

你……你看那边……

哗哗哗哗

咦？

19

23

咦？

请利用这个吧！

你为什么要……

请不要误会。我之所以这么做，只是不想让这场实验比赛因发生事故而降低公平性而已。

快拿去吧！

……

崩溃怒吼

江士元！你去哪里了？居然丢下我们……

赶快回来啊！你这叛徒！

吵闹吵闹

喂！你冷静一下啦！

24

……?!

嗪

不愧是江士元，现在是想利用树枝做一个绳梯对吧？

哦哦

那两个人，一个脚受伤，一个陷入惊慌之中，只用一条绳子很难把他们救上来。

别在那边嘀咕了，既然要帮忙就帮到底吧！

哎嘿嘿

嗯，好吧！

沙沙

先把这些树枝弄成合适的长度，

再将树枝两端绑牢。

拉紧

好了！

哎嘿

我会把绳梯抛下去！

牢牢抓住啊！

嗯嗯！

哎嘿

咱

咕噜噜噜

喂！
许大弘！

糟了！

猛然

哗啦

噗啊！

浮上来了！

哦噗哦噗!

救······救命啊!

冷静点儿!

河水不会很深!

救······救命啊!

噗啊

根本听不到我说的话!再这样下去,这小子······

抬头看

不用担心！我对我的游泳技术很有信心！

那就是传说中的"狗刨式"吧！

在那里！

实验1 制造河道

地球上的水资源，不管是大气降水和还是江河流动，都具有改变地球地貌的力量，塑造出各式各样的地貌。在江河流入大海的过程中，会进行改变地表形状的"侵蚀作用"，受侵蚀作用产生的沙石碎屑物质又会被搬运到其他地区，之后因外营力减弱而形成堆积，这就是"堆积作用"。我们可以通过简单的实验来观察流动的水如何进行侵蚀、搬运和堆积作用。

准备物品：模拟河道板（或具有深度的盘子）、湿泥土、水壶、水、石头（或盒子）

❶ 将准备好的湿泥土平铺在模拟河道板上。

❷ 将石头或盒子垫在模拟河道板一侧的下方，使河道板呈倾斜状态。

❸ 将水壶中的水从垫高一侧的上方缓缓倒入河道板。

❹ 被流动的水冲刷的泥土会移动到下方堆积起来。

这是什么原理呢?

平铺在河道板上的泥土被流动的水冲刷,往下方移动后慢慢堆积的现象,正是模拟江河中流动的水从上游往下游移动时的情况。江河上游地带的水流速度较快,会对河底和河岸两侧进行强烈的侵蚀作用;水流冲刷到江河下游地带时,由于水流速度渐渐变慢,被流水搬运来的小石子、泥土等就会开始慢慢堆积,最后改变地表的形态。

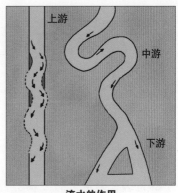

流水的作用

实验2　明矾钟乳石

下雨时,一部分雨水会渗入地底或岩石缝隙,汇集成地下水。地下水(包括山泉或温泉)会沿着石灰岩中的缝隙流动,进行侵蚀作用,然后形成独特的石灰岩洞地貌景观。

在石灰岩洞里面,我们可以看到悬挂在洞顶的冰柱状物体,这就是溶解于地下水中的石灰岩成分(碳酸钙)因为水分蒸发而结晶,再次变回碳酸钙晶体而形成的钟乳石。我们可以通过实验来观察钟乳石的形成过程。

准备物品: 切掉上半部分的可乐瓶2个、明矾、运动鞋的鞋带(或粗棉线)、小石头2块、筷子、报纸

❶ 将热水倒入2个可乐瓶做的杯子里,再一边慢慢加入明矾一边持续搅拌,直到明矾无法再溶解为止。

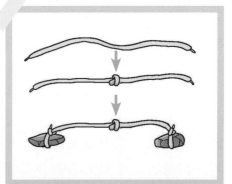

❷ 在鞋带的中间打上一个绳结,并于两端分别绑上1块小石头。

❸ 将绑在鞋带上的 2 块小石头分别放入可乐瓶中。

❹ 将报纸平铺在 2 个可乐瓶下方，静置 1 个星期左右，仔细观察。

❺ 你将会看到鞋带中间的绳结和报纸上，都会出现结晶。

这是什么原理呢？

　　明矾溶液沿着鞋带移动，在绳结及其下方形成宛如冰柱的钟乳石，其形成原理和石灰岩洞中的钟乳石一样。地下水顺着石灰岩的缝隙流动时，由于水中含有二氧化碳而呈现酸性，因此可以与主要成分为碳酸钙的石灰岩发生反应生成碳酸氢钙。

　　当溶有碳酸氢钙的水从石灰岩洞的洞顶往下滴落时，因与空气接触而发生逆向化学反应，分解成碳酸钙、二氧化碳和水，被溶解的碳酸氢钙就这样恢复成固体碳酸钙，并沉淀下来，形成自上而下的钟乳石。同时，沿着钟乳石往下滴落到地面上含有碳酸钙的水，由于水分蒸发，钙质析出，则会堆积成屹立于地面且形似笋状的石笋。当钟乳石不断延伸至地面，直至与石笋相接，就形成了钟乳石柱。

$$碳酸钙 + 水 + 二氧化碳 \rightleftarrows 碳酸氢钙$$

第二部

救援行动

我……

溺水的人因为陷入恐慌而失去理智，

抓

哗啦　哗啦

会拼命抓住触手可及的任何物体。

所以前去救援的人也可能会一起身陷危机！

哇啊！
别丢下我！

扑通

轰隆

咳咳

扑通

所以，
要想救溺水的人，

就应该把像木头、衣服那样可以浮在水面上的物体的一端抛向溺水之人，等对方抓住后再使劲将他拖上岸来。

迅速

再等我一下！

怎么了？
发现什么了吗？

不是……
不是的……

我们从这里就失去了士元的踪迹，不知道他往哪个方向走了。

好像就快要下雨了，糟糕……

左顾右盼

现在该怎么办？

你们几个先回去吧！

没错，我们会分头去寻找他们！

他们是往这个方向去了。

直走吗？

你是怎么知道的？

这里！

咚

请看一下这个！

没错！

直走

往右走

往左走

他利用石头来标识自己的前进方向！

原来之前士元说他留下的路标就是这个啊！

我留下路标给你们！

那边也有！

53

幸好他做的路标都依照着一定的规律！

那么，赶快依照他的路标前进！

往这里！

天空的乌云看起来不太寻常，要加快脚步了！

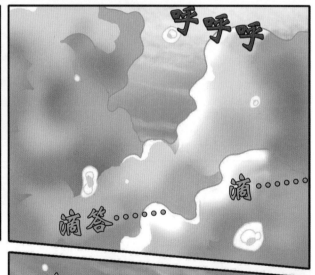

滴

惊讶

你现在好一点儿了吗？

下雨了？

糟了！下雨的话，由于河道狭窄，河水会因为降雨而瞬间暴涨……

55

他们两个身上又没有任何求生工具!

嗖

要赶快下去救他们才行!

沙沙沙沙

啪

你在干什么?没看到下雨了吗?

再这样下去,他们两个真的会越来越危险!

转头

你现在下去的话,最危险的人就会是你,江士元!

正如那家伙说的那样。

轰隆隆

滴答

要马上下去救他们才行！小宇！

心怡！冷静点儿！

幸好河水并不深。

点头

那么，就依照救援程序进行……

请老师先回去申报救援行动，

我先沿着溪谷往下走。

不行！再这样继续浪费时间，那两个人……

好！请您小心！

惊觉

我们好像没有那么多时间！

哗啦啦

59

眼前这条河会流至市中心，而这座山正是它的发源地，平均每秒钟就有数公吨的地下水汇集到这条河里。

唰唰唰 哗啦啦 轰 轰 轰 轰

再加上现在正下雨，水量急剧上升，所以会形成急流，河水也会暴涨。

在这种情况下，等救援队赶来时，他们已经淹死在河里了。

而且……

就算幸运地很快找到他们，在这种水流量之下，光靠老师一个人也很难救出他们两个人。

……

沉思

对，你说的没错！

如果错过救援时机，救援程序就无用武之地了。

那么，我们先确定一下目前所在的位置，试着找出那两个孩子可能会在哪里吧！

推开

点头

看来这场雨还会继续下，你们先穿上这个吧！

哗啦哗啦

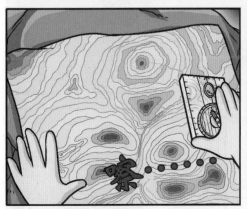

察……

糟糕，早知道应该先在地图上画好磁北线……

磁北线？

现在是分秒必争的时刻，为什么还要在地图上画这些啊？

沙沙

察

交头接耳

对啊，利用指北针来确认方位不就行了。

改变世界的科学家——查尔斯·莱伊尔

查尔斯·莱伊尔（Charles Lyell）是英国的地质学家。他提倡推广的"均变论"，是近代地质学的基础理论。均变论认为现在的地质作用与过去时代的作用原理相同，所以能够通过观测现在正在进行的地质作用，推测古代地质事件发生的条件、过程及特点。

查尔斯·莱伊尔 (1797—1875)
倡导"均变论"，区分出了新生代的地质年代。

18世纪末到19世纪初以"灾变论"为主流，以从各时代地层中发现的各种形态生物化石为根据，判定地球上经常发生突如其来的灾害性变化，导致了地质的变化，例如《圣经》中提到的"诺亚方舟"。

第一位阐述均变论的人，是18世纪的英国地质学家詹姆斯·赫顿（James Hutton）。他认为地球诞生于数十亿年前，在反复经历火山运动和风化作用后，才形成现在的地貌。但是这个理论并不被当时的人们所接受，直到19世纪在查尔斯·莱伊尔的提倡推广之下才开始广泛流传。查尔斯·莱伊尔走遍欧洲各地和北美洲大陆，花了很长一段时间收集均变论的相关证据。他发现了重复堆叠而成的地层，以及位于意大利那不勒斯的塞拉比斯（Serapis）神殿的石柱上留有的贝壳痕迹，由此主张地壳在不断反复上升和下降。火山爆发形成的山脉也并非突然隆起，而是经过火山不断发生小型爆发才逐渐形成。

他将这个主张写进1830年出版的《地质学原理》一书中，此举是让地质学的基础理论由灾变论转变为均变论的关键之一。地质是经过长久岁月缓慢叠积改变而成的这一理论，也对演化论的提出影响极大，成为查尔斯·达尔文（Charles Darwin）写作《物种起源》一书的依据之一。

G 博士的
洞窟探险记

还是第一次见到
这种洞窟！

嗯！

哈哈哈

这个洞窟
一定要以我的名字
"吱吱"来命名！

你不觉得有点儿奇怪吗？这里面
有被人抓过、挖过的痕迹，而
且气味也有点儿怪怪的……

这个山洞
正是……

田鼠吗？

是田鼠的窝啊！
赶紧撤退！

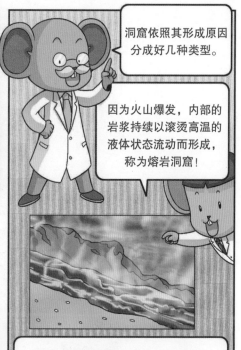

洞窟依照其形成原因
分成好几种类型。

因为火山爆发，内部的
岩浆持续以滚烫高温的
液体状态流动而形成，
称为熔岩洞窟！

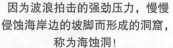

因为波浪拍击的强劲压力，慢慢
侵蚀海岸边的坡脚而形成的洞窟，
称为海蚀洞！

此外，还有因为含有二氧
化碳的地下水溶蚀石灰岩
所形成的石灰岩洞。

我一定会
找到新类型
的洞窟！

第三部

急流逼近！

嗯……

滴答滴答

好……
好冷……

真是的！

居然下雨了！

咦?

念念有词

你该庆幸我范小宇是讲义气的人。

我数一二三，你就要起来！听到了没？

我不要！放开我！

快放开我！

挣扎

挣扎

怒火中烧

哼哼

管他什么义气，干脆别理他，自己走算了！

轰隆隆隆

啪

咦？

轰隆隆

河水又变高了？

距离刚才还不到一分钟！

动作要快！
再这样下去，
那小子会被上涨的
急流冲走！

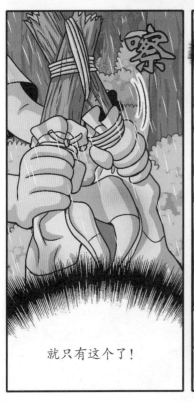

嗯啊!

再用力一点儿!

颤抖 颤抖

拜托……

呃!

动……动了!

嘿

嘿

啪

这是什么声音?

!!

轰轰轰轰轰

现在高兴还太早了！

我们迷路了啊！

在树林里面徘徊，
我们不是失温死亡，
就是成为野兽的食物！

张牙舞爪

什么……

听你这么
一说，好像是
真的……

连地图或指北针
都没有……

抖抖抖

我忽然觉得好冷，
脚踝也好痛！

啊，对了！

嘿嘿嘿

就算真的有
地图，你看得
懂吗？

我的口袋
里……

翻找翻找

咦，那是什么？

指北针啊！你该不会连指北针都不知道吧？

哗啦啦啦

滴滴滴滴

我问的不是指北针……

啵

而是这个！

这味道好熟悉，好像在哪里常常闻到……

惊

啊哈！

啪啪咚 啪咚

砰

果然就是你！

偷走爆米花的犯人！

你说谁是犯人？手拿开！

哇啊啊啊

抓出一把

啪啦 啪啦

88

啊，是你们！

老师！

你们两个都没事吧？

你知道为了找你们，我们有多辛苦吗？

呜呜呜！

还好吗？

还活着！真的还活着！

塔塔塔塔

哪里受伤了？脸吗？

脸瘦了好多！

哎哟，这点儿小事根本不需要担心！

我可是绝顶聪明啊！

嘖

揑

喷

我们途中在河边发现小宇的衣服时，都快被吓死了！

轰隆隆

嘿 嘿

那是你运气好!

不然你早就被急流冲走了,根本爬不上来!

我是靠着科学推理才活下来的好吗!

运气好?

扭到的是这只脚吗?

嗯。

怎么说?

坐在河中的石头上观察四周啊!刚开始我真的很害怕。

我们的四周只有石头,河水又急速上升。

就在这时候,我忽然意识到,如果继续留在原地,我们两个都会掉进水里淹死的……

你在写小说吗?这跟科学一点儿关系都没有。

没关系吗?

地形吗?

咦?

抓紧

原来你有好好观察地形啊!

我们可以借由仔细观察周围环境，得知这些经过长时间形成的地貌特色。

除了风化作用外，江河、大海、冰河、地下水等流动的水，还会进行侵蚀、搬运和堆积作用，形成各种独特的地貌。

侵蚀：地表受河水的冲刷。

搬运：将泥土、沙子等物质移动到别处。

堆积：被河水携带的泥沙因停止移动而沉积。

风化：在阳光、水或生物的影响下，岩石崩解或分解的现象。

傻愣

傻愣

在露营那段期间，我就知道范小宇同学的观察力十分优秀，想不到你会凭借这点度过了危机！

绑紧

你现在应该可以走路了！

侵蚀、搬运、堆积？听起来好像很复杂……

呃……

就是说啊！

我还以为这些科学理论你早就知道了呢……

我的确不知道。

不对！虽然看起来像不知道，但其实你早就知道了！

我真的不知道！

滴答答
滴答答

叹气

逼问

逼问

知道理论固然很重要……

但更重要的是，要将这些理论运用在实际生活中。就这点来看，范小宇表现得非常好。

啊！

这些话好像在哪里听过……

所谓的实验，是让你确实掌握自己的知与不知，然后弥补自己不足之处的一个过程。

熟悉这些理论之后，还要更进一步……

将其运用于生活之中！

没错！柯有学老师也说过类似的话！

他们说的……都是同样的意思吗？

是吗？

慢慢吸气，

慢慢吐气！

好了，现在觉得怎么样？

恐慌症的症状好一点儿了吗？

什么恐慌症？

我本来就没事！

......

那小子！

从小就是这种个性吗？

嗯……

不用说也知道！你们两个就是同一种人！

嗯……

对自己的救命恩人居然连三言两语都不说，忘恩负义的家伙！

是"只言片语"！

哼

你说话最好给我小心些！

好了，载我们回决赛会场的大巴就快到了。

是，老师！

95

常见的地貌种类

　　我们生活中所能看到的小规模地貌，是指侵蚀、堆积等发生于地球表面的作用力所形成的地貌，称为"小地貌"。其中包括峡谷、曲流、河阶、冲积扇、冰斗、U形谷、沙丘、石灰岩洞、海蚀洞、波蚀棚等地形。

　　大规模地貌则是由发生于地球内部的作用力所形成的，称为"大地貌"。其中包括造山运动所产生的褶皱山脉与断层构造，火山运动所产生的火山岛，板块运动所产生的大裂谷等地形。

曲流　在水流速度较快的江河上游地带，因为对河底的侵蚀作用较强，所以会形成V字形溪谷。在江河的中、下游地带，水流速度变慢，但在遇到障碍物时，水流会因惯性强烈撞击障碍物（河壁），之后水流方向偏转，因侵蚀作用较强而形成凹岸；另一侧则因为水流较缓，泥沙沉积，形成凸岸，长时间后，河道逐渐弯曲，最后形成了曲流。

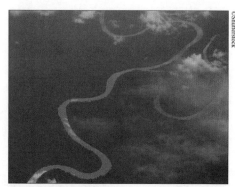

南美洲亚马孙河的曲流

U形谷　U形谷又称冰川槽谷，因为是受冰河侵蚀作用所形成的地貌。相对于江河侵蚀作用所形成的V形谷，U形谷的地貌呈现U字形，特征是谷底平坦而谷壁陡峭。冰河大多出现于极圈或海拔5千米以上的山脉。

美国约塞米蒂国家公园里的 U 形谷

沙丘　沙丘是在风力减弱时，风所携带的沙土在地面堆积而形成的风积地貌，例如形成于干燥内陆的沙漠、海岸边的风沙堆积而成的海岸沙丘等。随着风力强弱和风向不同，沙丘的大小及形态也十分多样，例如巨大的金字塔形沙丘、新月形沙丘等。

非洲撒哈拉沙漠中的金字塔形沙丘

石灰岩洞 石灰岩洞是地下水溶蚀石灰岩层后所形成的地貌。石灰岩洞中可以见到地下水如江河般流动，而且随着石灰岩的酸蚀，石灰岩洞也会越来越大，还会形成钟乳石、石笋等特殊景观。石灰岩洞如果位于地下水丰沛的地区，形成范围会持续扩大；若水源不足，则发展缓慢。

石灰岩洞里的钟乳石

海蚀绝壁 海蚀绝壁是往海洋突出的陆地块，受到海浪侵蚀而形成的陡峭崖壁地貌。当海蚀作用持续进行时，绝壁较脆弱的部分会形成拱门状的海蚀洞。海蚀洞在经历长久反复的海蚀作用后会崩塌，海蚀绝壁往陆地方向后退，质地较坚硬的岩石部分则会留在原地，形成海蚀柱等。

爱尔兰的海蚀绝壁

TIP 大地貌

像阿尔卑斯山脉、喜马拉雅山脉等世界闻名的大山脉，大多属于在造山运动下，地层发生褶皱而形成的褶皱山脉；或是褶皱力量达到极限时，地层发生断裂而形成的断层山脉。

火山运动所形成的地貌以火山岛最具代表性，知名的夏威夷群岛就是其一。火山岛是岩浆从海底地壳脆弱的裂隙处喷出所堆积而成的岛屿。除此之外，大地貌还有比周围地势高的高原，以及周围被山围绕的盆地。

第四部

大对决

全员平安回来真是太好了，我从没这么高兴过。

我也是第一次这么期待你们的决赛！

你们只要记得这一切都要归功于这次营队活动的核心人物范小宇就行了！

对呀！

对啊！不管是闹鬼事件或遇险事件，全都跟范小宇脱不了关系！

制造麻烦的核心人物！

希望你们在决赛时也能像现在这样充满活力！

我们下次再见吧！

好！

103

终于出来了啊!

吓我一跳! 你在这里干吗?

突然冒出

因为今天是公布决赛对战表的日子啊!

这还用问。

揉眼睛

想成为一位优秀的记者,就必须比其他人勤劳才行。

打哈欠

咔嚓

咔嚓

在这里苦等了仁小时,终于有所回报了。呼!

一小时后就会在网页上公布了,何必呢……

决赛的第一回合对决……

嗒嗒

嗒嗒

我看看……

嗒嗒

嗒嗒

咦?

砰

叮一跳

孩子们，你们收到消息了吗？我们第一回合的对手是太阳小学！

校长先生！

刚刚知道的！这就是命运啊！

大家都知道吧？太阳小学除了试图挖走我们学校的人才之外，还想让我们学校变成全国倒数第一名！是可忍，孰不可忍！

还不只是这样呢！每天上学时都装模作样，一脸高傲，无视且践踏正在苗壮成长的幼苗，而且……

太阳小学

黎明小学

全国第一名

全国倒数第一名

激动 激动

那种连请救命恩人吃顿猪脚米线都不肯的家伙，真是让人忍无可忍！

飕

113

你真的会修理收音机吗?

休息10分钟!

解散!

您是因为不知道我是谁才会这样问。

我可是进入全国实验大赛的天才实验社成员之一!

嘿嘿

其实明天决赛就要开始了,所以我很忙,但是……

看到爷爷为了这台收不到讯号的收音机而苦恼,让我觉得十分不忍,所以才决定免费提供修理服务。

哦哦

实验社的孩子应该值得信任吧?

那就麻烦你修修看吧!

而且你刚才说修理费要100元,这样不算免费帮我吧?

呵呵

这可是天使送给我的，是我的宝物1号！

磨蹭 磨蹭

天……天使？

哇，成功了！

飞上天

飞上天

居然当面叫我天使。

小青天使！

噗

这是你朋友送你的礼物吧！

谢谢爷爷。

这是100元！

当啷

砰

是同一个社团里非常要好的朋友。

嘿 嘿

石化

他刚才说的"天使"，该不会是在说罗心怡吧？

呆

坠落

这可是她特别送给我的礼物！

看来你和你的朋友关系真的很好！

对吧？所以才会送这种我喜欢的礼物！

哇啊！

怎么突然有一股寒气……

对了！

请收下这个吧！

小倩也送了礼物给我！

小倩……

小宇你……

小宇是大笨蛋！是我认识的人里面最笨的一个！

……

是不珍惜别人心意的大笨蛋！

呜……

听到了！

我听到了！

呃……

小倩，你送给我的礼物也很珍贵……

不该说这些的……

全员集合！

她好像很生气，你不过去解释一下吗？

不用了。

叹气

冒冒失失过去的话，下场会很惨。

这都是因为爷爷您！为什么要问我这些事……

呃啊啊

我又怎么了……

哇啊，我现在该怎么办才好？

下一个问题。

你不用太难过了，所有问题都一定会有答案。

这个问题答对的话，奖金会变成三倍呢！

呃

话说回来……

侵蚀！答对了！

侵蚀？

原来你有好好观察地形啊！

老师曾说过侵蚀、搬运和堆积作用，会形成很多独特的地貌！

哦哦！

原来答案我也知道……

没错！

看来这些猜谜也不算什么啊！我只要再稍微用功一点儿，就能成为拿到奖金的人！

嗒嗒

要去跟老师请教有关冰川侵蚀作用的内容。

还要讨论小倩的事……

啊！

会没事的!

摇头 摇头

哈哈

老师只要感冒一好就会回来的!

只要撑过这段时间就行了……

看来只能去问士元了!

哼

又要看到那家伙嚣张的模样了!

哗啦 低声下气

哈哈哈

不对!为了成就大事,当然只能牺牲小事!

奖金 > 自尊心

范小宇!你真棒!

这样就跑不动!虚弱的体力会造成虚弱的精神力!

跨步 跨步

现在又不是田径时间!

利用方糖进行风化实验

实验报告

实验主题	利用方糖进行实验，借此了解岩石因为物理性（机械性）风化作用而崩解碎裂的原理。
准备物品	❶玻璃瓶 ❷滴管 ❸玻璃棒 ❹烧杯 ❺水 ❻红色广告颜料 ❼方糖20颗 ❽培养皿 
实验预期	方糖因为受到外部力量的作用，形状会变得跟原来不一样。
注意事项	❶ 为了方便观察，做实验前，要将玻璃瓶清洗干净并擦干。 ❷ 将方糖放入玻璃瓶中，但不要放满。 ❸ 在实验开始前，要先将手和器具擦干，准备的方糖也要保持完整无缺角的状态。

❶ 将 10 颗方糖放入玻璃瓶中，盖上瓶盖。

❷ 一边将玻璃瓶用力上下摇晃，一边观察方糖的形状变化。

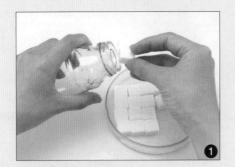

❶ 将热水倒入烧杯内，再加入红色广告颜料，用玻璃棒搅拌均匀。

❷ 在培养皿上用 10 颗方糖由下到上慢慢堆成一座塔。

❸ 利用滴管吸出步骤❶中的溶液，从方糖塔上方一次滴下一滴，同时观察方糖的变化。

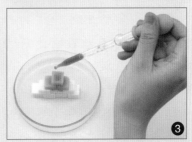

实验结果1

装有方糖的玻璃瓶一经摇晃，方糖和玻璃瓶摩擦撞击，原本呈现立方体的方糖最后偏向为圆形。

实验结果2

滴下的红色溶液沿着方糖表面由上往下流动的过程中，方糖开始溶化，最后方糖堆成的塔就垮掉了。

这是什么原理呢？

正如方糖在受到外部力量时形状发生改变一样，岩石也会因为水、空气等外部力量的作用而慢慢崩解碎裂，这就是所谓的风化作用。根据成因，岩石风化可分成物理性（机械性）风化作用和化学性风化作用两种。

如上述实验中方糖因为外部力量发生形状变化，或者岩石因为压力或气温而发生崩解碎裂现象，这些只有外观产生变化的风化现象，就属于物理性（机械性）风化作用。因为暴露在空气中而氧化，或者溶解于水中而产生新物质的风化现象，就属于化学性风化作用。

©Shutterstock

发生化学性风化作用的石雕像
石雕像因为长时间暴露于空气和酸雨之中，发生了化学性风化作用，导致模样发生改变。

嗖　保护泥滩

G博士的家

博士，我和海边村落的居民一起去进行反对填海造地的抗争活动啦！

保护潮间带

嗖

什么？

你说的填海造地，是将潮间带填满成陆地吗？

潮间带　→　陆地

怎么可以这样！我也跟你一起去！

愤怒！

您是要以科学家的身份去那里，向大家说明潮间带在生态环境中扮演多重要的角色吧？真令人感动！

眼眶　含泪

怒火中烧

守护泥浆面膜

潮间带消失的话，以后就没有免费的泥浆面膜可以用了啊！我的皮肤是很重要的！

无语

潮间带的泥滩属于堆积地貌，是由海水带来的泥沙、黏土等堆积物长期慢慢堆积而成。

哗啦啦

要形成泥滩有几个必要条件。

由海水搬运来的堆积物的量要多，

堆积物

海浪的力量小，堆积作用旺盛，而且海岸的坡度要平缓。

拍打　拍打

此外，还必须是浅海，涨潮和退潮时的海面高度落差要大。

↕ 潮差

经由这种过程形成的泥滩地貌，拥有丰富的营养及溶氧量，有机物质多，所以孕育了丰富的物种。此外，还拥有净化水质、防洪护岸等功能，是十分珍贵的自然地貌。

居然要破坏如此珍贵的地貌！我反对！

涂抹　涂抹

泥浆面膜

第五部

三 剑 客

* 大气压力：大气压力是大气层中物体受大气层自身重力产生的
作用于物体上的压力，空气中的万物都承受着大气压力。

好神奇！
要仔细看……

不然，
干脆直接
把水变成
固体。

如果将水和名为
高分子吸水粉[1]的
化合物一起倒入
空杯里，

吸水粉
会吸水，

哗啦啦

咕噜噜

加速

心跳

哦

水失去了原本
的形态，变成
了固体状态。

砰！

注[1]：高分子吸水粉的正式名称是"聚丙烯酸钠"，是一种可以吸附水分的聚合物，可运用于尿布等生活用品。

咦？刚才好像
听到什么声音。

忘记是隔着
玻璃了……

对啊！

晕ooooooo

要赶快去找
士元才行。

嗒嗒嗒

嗯？

心怡！

小宇！

美食科学实习课程已经开始了，我急着赶去所以没看到你，抱歉！

这没什么，我没关系，你赶快去吧！

嗯，那就待会儿见啦！

你……知道士元那家伙现在在哪里吗？

顿住

啊，他现在正在分馆那边参加天文课程，

再有两个小时左右就会结束！

然后下午会在本馆参加爱因斯坦课程！

心怡居然把士元一天的行程记得那么清楚！

鸣

哔里啪啦

哦……谢啦！

睡觉时间

看书

私人课程

晚餐

下午课程

个人时间

吃早餐、运动

上午课程

午餐

141

聪明则是为了采访所有课程的内容而到处跑来跑去。

原来心怡不是只记住士元的行程啊！

嗯，心怡！

那么，晚点儿见吧！

要认真上课！加油！

嗒嗒嗒

嗯

游荡

闪亮

所以我现在还要再等两个小时对吧？

士元这家伙明明已经够厉害了，

为什么还要那么努力学习啊？

唉？

是艾力克！他也在做实验啊！

鄹囔

鄹囔

顿住

等一下！

145

146

咦？奇怪！

哦，只是一场梦而已……

惊！

是谁把时针往后调两个小时的？

你在这里睡觉？

呃

而且还睡了两个小时……不觉得愧疚吗？

傻眼

啊！

哈哈哈！

不是呀！我是因为太专心读书，所以才不知不觉在这里待了两个小时！

何必在那小子身上浪费时间？赶快回来进行我们的实验吧！

啊，也对！

咕噜

咕噜

咕噜

咕噜噜

那么，

我也继续读书……

沙

咕噜噜

"冰川侵蚀"的实验?

有什么好惊讶的?

你该不会一次也没做过这种基础的实验吧?

江士元，你先去忙自己的事吧!

呵呵呵

我可是很忙的，就先不陪你了!

什么时候开始?

闪亮闪亮

干吗?

不要来妨碍我们进行实验，回去做你自己的事!

嘿嘿

哼

哎呀，让我旁观一下呗!

别理他了!要不要旁观是他的自由!

点头

对啊，随便他吧!就让他看清楚他跟我们之间的实力差距好了!

赶快开始吧!

?

好，首先…… 将沙子和水倒入这个纸杯中，然后冰冻成块，

坚硬

咚

哦！

这样就做成了冰川！

啊哈！所以冰川指的就是冰块吧？

喀啦

在这里找找看吧！

好！

当然不是！冰川指的是由大量积雪长期堆积而成、在重力作用下往低处缓缓移动的冰雪层！

所以说……

冰川就是冰块啊！

才不是！指的是移动的冰雪层！

153

158

现在惊讶还太早了，我们现在才要开始正式进入实验。

咳咳！

呃，对啊！

?

这种冰川侵蚀作用，

不过是造成地表发生变化的众多原因之一而已。

睁大眼睛看清楚！你在决赛时会面对什么样的对手！

没错！形成地貌的作用力可以分成两大类，一种是地球内部的力量，称为"内营力"，使地表发生褶皱或断层地质构造。

褶皱山脉

断层崖

另一种是地球外部的作用力，也就是水、空气等力量，造成侵蚀、搬运和堆积作用，使地表发生变化，称为"外营力"。

流水的作用

冰川的作用

V形谷

U形谷

地下水的作用

风力的作用

沙丘

石灰岩洞

外营力包括生物、江河、风力等因素，在我们说话的工夫，仍旧持续在对地形发生影响。

范小宇，你看到了吧？这就是我们的实力！

此外……

模拟冰川作用

实验报告

实验主题	通过实验，明确地分辨冰川所造成的侵蚀、搬运和堆积作用。
准备物品	❶ 棉手套 ❷ 水 ❸ 纸杯 ❹ 毛巾 ❺ 肥皂 ❻ 泥沙 
实验预期	包含泥沙的冰块在摩擦肥皂表面时，会带着被磨蚀下来的肥皂碎块一起移动。
注意事项	❶ 为了方便观察，做实验前，要将装水的玻璃杯清洗干净并擦干。 ❷ 用冰块体刮磨肥皂时，要施加相同的力量，往一个固定的方向推动。 ❸ 实验结束后一定要记得洗手。

实验方法

❶ 把水和泥沙倒入纸杯并放进冷冻库，使之冻结。

❷ 戴上手套，将冻结的冰块体取出，一手抓住肥皂，一手抓住冰块体，此时冰块体有泥沙的一端要对着肥皂。

❸ 将冰块体放在肥皂上，手在冰块体上施力推动，过程中施加的力量和方向始终维持不变。

实验结果

受到冰块体压力的肥皂表面会出现凹槽，被磨蚀下来的肥皂碎块会连同融化的冰块和泥沙，跟着冰块体一起往下方堆积。

这是什么原理呢?

这个实验是将冰块体视为冰川，肥皂视为地壳表面，观察冰川在地壳表面移动时发生的各种作用。所谓的冰川作用，指的是冰川运动对地壳表面发生作用而形成独特的地貌，这些作用包括冰川移动时削蚀地表的侵蚀作用、挟带削磨下来的物质往下方移动的搬运作用，以及在冰川融化时，冰川挟带的物质在下游的堆积作用。当冰川移动时，与冰川接触的部分会被磨蚀，即为冰川侵蚀作用。冰川融化后，则会形成冰河湖与冰碛丘陵（由冰河带来的砾泥、沙砾等堆积物，或由这些堆积物所形成的小山丘）。

第六部

动荡不安

我们参加全国大赛已经9次了，今年才第一次进入决赛，

他们初次参赛就……

黎明小学的确有资格成为目光焦点！

哼……

也许他们只是运气好。

说不定他们一直隐藏真正的强大实力。

不然就是这两者都有。

这个嘛……

搞不好这两点都不是他们得以进入决赛的原因！

听说第一次参赛就打进决赛的黎明小学，第一回合就遇到厉害的高手了？

他们的对手正是明星实验社——太阳小学。

太阳小学对上黎明小学会擦出什么样的火花呢？真令人期待。

而且今年还特别……

颤抖 颤抖

竟敢……

拿黎明小学跟我们太阳小学相提并论！

颤抖 颤抖

在网页上进行人气投票……

不过是一所没有为学生付出任何关心和资源、毫无秩序的学校！

让黎明小学这种学校出现在这个地方……

本身就是个错误！

踩踏

休 黎明

休息室 黎明小学

那就由我来修正这个错误吧！

172

这群小鬼果然被蒙在鼓里！

嘿 嘿

你这家伙！我们哪有什么值得让你担心的事？

真的没有吗？

惊慌失措

这件事早就已经传开了，你何必还要瞒着不说呢？

就凭我们之间的关系。

不安 忐忑

听到柯有学老师被赶走的消息后，连我都替你们担心。现在看到你们开开心心的模样，真是万幸啊！

咚

惊吓

174

像这种看起来简单的题目，实际上一定更难。

对，他说的是真的！柯有学老师的确已经离开，不再是你们的指导老师了。

一般来说，会在题目加上一些形容词，用来缩小比赛的范围，但是今天的题目却只给了一个名词。

所以参赛的实验社就要自行给题目加上形容词，各自决定自己的题目，因此题目的选择范围比起以往变得更广泛了！

怎……怎么会？

没有老实将这件事告诉你们，对不起！

虽然一开始也曾怀疑过……

呃

老师并不是会因为感冒就休息的人，所以觉得这件事有点儿不对劲。

179

这群家伙受到很大的打击!

你是说老师不会回来了吗?

哼

在这种状态下,肯定无法好好专心比赛!

黎明小学的好运到此结束了!

波浪啊……可以做的相关实验也太多了吧!

呵呵呵呵

点头

就是说啊!

老实说,我真不知道做哪个实验会比较好。

我们先决定主题吧!

"波浪生成的原理"如何?

"波浪的振动"呢?我知道一个类似的波动实验!

我们就从中挑选最复杂且困难的一个作为题目吧!

"波浪的结果"!

"波浪的结果"?

波涛
波涛

嗯！做一个可以将波浪持续撞击地表所造成的结果展现出来的实验！

昨天?

嗯

是我们昨天本来想做的那个实验吗?

现在就在这里做那个实验吧!

没错!

波浪的侵蚀和堆积作用所造成的地表变化!

……

可是这个实验……

哈哈

作为决赛主题内容好像太弱了吧?

嘿

我负责拿水槽！

等等！一起拿！

晃动

嗒嗒嗒

小心点儿！你不知道打翻物品会被扣分吗？

哦……对啊！

抓

嚓

拿水来当海洋！

拿沙子来当陆地！

嚓

唔唔

啪

鬼斧神工的风化作用

　　地壳表面虽然看起来坚如磐石，但在经年累月下，也会一点一点慢慢崩解碎裂。岩石受到许多作用力而崩解，变成小石粒、沙子等物质的过程，就称为"风化作用"。风化作用大致可分成两种，一种是岩石中所含的矿物质因为接触空气或水而产生化学反应的化学风化作用，另一种则是因为周围温度反复升降而产生的机械力量，或植物从岩石中生长出来的力量而导致岩石崩解的物理风化作用。

空气引起的风化作用

　　空气是引起风化作用最大的因素之一。空气中的氧会和岩石产生反应，或让岩石中的矿物质发生变化。空气中的二氧化碳溶于雨水而形成的碳酸甚至会酸蚀岩石。像这种使岩石成分发生变化的风化作用就属于化学风化作用，此类代表如因为铁氧化而形成的红土，常见于热带地区。

水引起的风化作用

　　当水流进岩石的小裂缝后，温度低于冰点时，水的体积就会发生膨胀，从而撑大缝隙，多次反复作用下，岩石就会裂开，渐渐变成小石粒。以前的采石场就是利用这个原理，先在岩石上钻洞，将木楔子插入后再灌入水，等木楔子被水泡胀后，就可以让这些坚硬的岩石崩裂而碎掉。

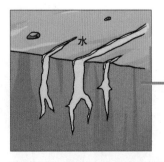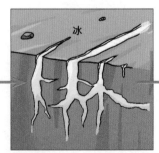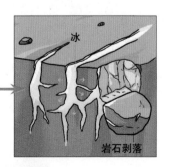

冻融风化 岩石缝中的水在冻结后体积膨胀，向裂缝两侧施压而使岩石裂开。

植物引起的风化作用

　　植物若扎根在岩石裂缝中，由于根部随着植物生长而渐渐变粗，会将缝隙撑开而导致岩石崩裂，这属于物理风化作用。此外，苔藓覆盖于岩石表面而让岩石的成分发生变化，或者是植物根部产生的水分让岩石内含的矿物质发生变化，则属于化学风化作用。这两种风化作用会同时进行，对植物所攀附的岩石造成影响。

植物根的楔裂作用　植物的根深入岩石裂缝之中，逐渐生长变粗，使岩石裂缝加宽而发生崩裂。

岩石风化形成土壤

　　岩石经过长年累月的风化作用后，会形成植物赖以生存的土壤。基岩受到风化作用而碎裂成小石粒、沙子等，形成母质，母质几乎不含任何养分，无法供应植物生长。不过母质在经历数十年的风化作用后，会变成更小的细粒，有机物质也会变得丰富，因此就会形成可以供应植物生长的表土层。在表土层分解的有机物质和泥土会往下渗透沉积，形成心土层。心土层的营养物质含量极低，无法供应植物生长。土壤虽然是按照基岩、母质、表土、心土的顺序逐渐形成的，但是土壤剖面呈现出的由下而上的次序却是基岩、母质、心土、表土。

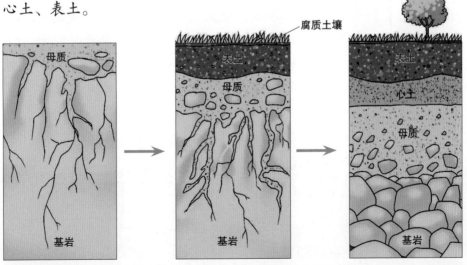

土壤的形成过程　当土壤形成后，由落叶和生物遗骸腐蚀分解而成的肥沃土壤"腐殖质层"会覆盖于表土上方。

风生水起的侵蚀与堆积作用

　　流水、风力或冰川移动对地壳表面所造成的破坏作用，称作"侵蚀作用"。地壳表面受到侵蚀作用而形成的碎屑物质被搬运至其他地区停留，则称作"堆积作用"。不同作用力下产生的侵蚀、堆积作用，会形成各种不同的独特地貌，现在就让我们来一探究竟吧！

风力

　　常见于干燥地区，尘土、沙子等颗粒物被风吹起，刮蚀地面或岩石，形成风蚀地形，代表地形为风蚀蘑菇。风力侵蚀作用下产生的碎屑物质会被风搬运到其他地区，在沉降堆积后形成风积地貌，代表地貌为沙丘。沙丘是由被风搬运来的沙子堆积而成的小山坡，风蚀蘑菇则是岩石因为下半部分受风蚀作用而形成上大下小、状似蘑菇的石柱。

岩石下半部分受到侵蚀作用而形成的风蚀蘑菇

流水

　　水会沿着地壳表面不断流动，对地表造成侵蚀和堆积作用。在江河上游段看到的瀑布或V形谷，就是流水侵蚀作用形成的地貌。当江河的水流速度忽然变慢时，河水挟带的物质就会开始堆积，发生在上游段时会形成扇状的冲积扇，在下游段时则会形成三角形状的三角洲，这都是流水堆积作用形成的地貌。除此之外，流水的侵蚀和堆积作用还会形成曲流、牛轭湖等各种各样的地貌。

流水的侵蚀和堆积作用形成的地形

冰川

冰川在往下移动的过程中，会和流水一样对地壳表面造成侵蚀、搬运和堆积作用。U形谷是冰川侵蚀形成的地貌，而位于冰川下端的冰碛丘陵，则是由冰碛石堆积而成的流线型丘陵，属于冰川堆积地貌。水积聚于冰川侵蚀、堆积所形成的地貌，会形成冰河湖。现在所见的冰川地貌都位于数千年前被冰川覆盖的地区。

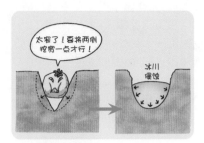

冰川侵蚀的过程

地下水

石灰岩中的主要矿物为方解石，具有易溶解于带有酸性的地下水的性质。石灰岩在经历地下水的侵蚀、酸蚀作用后，会形成喀斯特地貌。喀斯特地貌上除了石灰岩洞外，还有石灰岩被雨水溶蚀而呈现凹陷状的陷穴、两个以上的陷穴相连而形成的石灰岩洼地，以及数个石灰岩洼地合并成的石灰岩长盆地等。

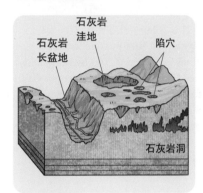

喀斯特地貌

海水

海岸在受到波浪不断拍击和冲刷后，会形成各种独特的地貌。波浪既会将沙子和石粒带到海岸，也会将海岸的沙子和石粒卷走，形成海蚀绝壁、海蚀洞等海蚀地貌。海浪带来的沙子若在浅海堆积，会形成与陆地连接的陆连岛、连岛沙洲等地貌。

海蚀地貌的形成过程

图书在版编目（CIP）数据

地形与水文/韩国小熊工作室著;(韩)弘钟贤绘;徐月珠译. 一南昌:二十一世纪出版社集团,
2018.11(2025.3重印)
　　（我的第一本科学漫画书. 科学实验王：升级版；19）
　　ISBN 978-7-5568-3835-6

　　Ⅰ.①地… Ⅱ.①韩… ②弘… ③徐… Ⅲ.①地貌学－少儿读物②水文学－少儿读物
Ⅳ.①P931-49②P33-49

中国版本图书馆CIP数据核字(2018)第234031号

내일은 실험왕19 : 지형의 대결
Text Copyright © 2011 by Gomdori co.
Illustrations Copyright © 2011 by Hong Jong-Hyun
Simplified Chinese translation copyright © 2013 by 21st Century Publishing House
This translation was published by arrangement with Mirae N Co., Ltd.(I-seum)
through jin yong song.
All rights reserved.

版权合同登记号：14-2013-245

我的第一本科学漫画书
科学实验王升级版⓳地形与水文　　[韩] 小熊工作室/著　　[韩] 弘钟贤/绘　　徐月珠/译

责任编辑	周　游	
特约编辑	任　凭	
排版制作	北京索彼文化传播中心	
出版发行	二十一世纪出版社集团（江西省南昌市子安路75号　330025）	
	www.21cccc.com　cc21@163.net	
出 版 人	刘凯军	
经　　销	全国各地书店	
印　　刷	江西千叶彩印有限公司	
版　　次	2018年11月第1版	
印　　次	2025年3月第8次印刷	
印　　数	65001～74000册	
开　　本	787mm×1060mm 1/16	
印　　张	12.25	
书　　号	ISBN 978-7-5568-3835-6	
定　　价	35.00元	

赣版权登字—04—2018—417

购买本社图书，如有问题请联系我们：扫描封底二维码进入官方服务号。服务电话：010-64462163（工作时间可拨打）；服务邮箱：21sjcbs@21cccc.com 。